欧 洲 花 艺 名 师 的 创 意 奇 思

生活四季花艺之秋

【比利时】《创意花艺》编辑部 编　周洁 译

中国林业出版社
China Forestry Publishing House

欧洲花艺名师的创意奇思
生活四季花艺之秋

图书在版编目（CIP）数据

欧洲花艺名师的创意奇思. 生活四季花艺之秋 / 比利时《创意花艺》编辑部编；周洁译. -- 北京：中国林业出版社，2020.10

书名原文：Fleur Creatif @home Special Autumn 2015-2016

ISBN 978-7-5219-0774-2

Ⅰ. ①欧… Ⅱ. ①比… ②周… Ⅲ. ①花卉装饰 – 装饰美术 Ⅳ. ① J535.12

中国版本图书馆 CIP 数据核字 (2020) 第 166172 号

著作权合同登记号　图字：01-2020-3152

责任编辑：印 芳　王 全
电　　话：010-83143632
出版发行：中国林业出版社
（100009 北京市西城区德内大街刘海胡同 7 号）
印　　刷：北京雅昌艺术印刷有限公司
版　　次：2020 年 10 月第 1 版
印　　次：2020 年 10 月第 1 次印刷
开　　本：787mm×1092mm 1/16
印　　张：11
字　　数：260 千字
定　　价：88.00 元

目录

夏洛特·巴塞洛姆
Charlotte Bartholomé

010　艺术和谐
012　花环蛋糕
014　软木花墙
015　玫瑰、万带兰和板栗

016　温暖热情的秋色
018　时尚的橙色和棕褐色
020　壁炉边的惬意时光
022　热烈欢迎
024　鲜花头盘
026　自然风拉花
028　别致的露兜树叶片
030　红色和紫色的静物画
031　圈圈们的游戏
032　丰收的号角
034　别致鲜花柱
036　秋之韵
037　喜迎万圣节
038　五谷丰登
040　圆周运功
042　花台灯

汤姆·德·豪威尔
Tom De Houwer

044　墙面的精美装饰
046　巧克力色水果因兰花而高贵
048　咖啡时光
049　坚硬的果壳与柔美的兰花
050　不落窠臼的小花篮

目录

Contents

- 052 银杏花环
- 054 大自然的无限循环
- 056 塞满坚果的篮子
- 058 鲜花艺术品
- 060 菊花雕塑
- 062 创新，不同凡响
- 064 奢华繁花
- 066 天鹅绒中的鲜花
- 068 蜘蛛花环
- 070 细碎的绣球花束
- 072 植物包
- 074 时尚前卫的蜡菊花堆
- 076 板栗堆中的华丽嘉兰
- 078 巧克力花瓶
- 080 花饰南瓜
- 082 花边

斯汀·西玛耶斯
Stijn Simaeys

- 086 秋季假日
- 088 万带兰花环
- 090 玲琅满目的花果碗
- 092 肉桂条装饰画
- 094 鲜花姑娘
- 096 树皮花栅
- 098 秋日激情
- 099 树枝牡蛎

- 100 植物耳环
- 102 致敬秋天
- 103 秋季硕果陈列区
- 104 火之圆
- 106 隐藏的玫瑰

安尼克·梅尔藤斯
Annick Mertens

108	五彩斑斓的秋季花束
109	满满一碗水果与鲜花
110	秋意花环
112	清新鲜绿
114	阳光明媚的秋日
116	躲猫猫！
118	破土而出……
120	颔首浅笑的洋蓟
122	花树日志
124	休息一下
126	巨型蘑菇之下……
128	色彩斑斓的菊花
130	高跷上的花束
132	秋色花篮
134	秋色花束
136	别致的帚石楠装饰
138	玉米棒包围中
139	热情的粉-红-橙色调
140	创意花篮
142	秋日花饰
144	蕨叶果篮
146	温馨的植物材料
148	树皮的故事
150	秋色手袋
152	盛满浆果的彩色树皮
154	浆果与树皮
156	红粉色调的墙面装饰
158	摇摇摆摆的种子袋
160	硕果累累

安·德斯梅特
Ann Desmet

164	绣球花锥
165	栗子花锥
166	大自然的集合
167	栗子托盘
168	树枝帐篷
169	秋收满花篮
170	纸花瓶合集
172	银杏叶和橡木球
174	橙色和褐色的拉菲草激情

P.010

夏洛特·巴塞洛姆
Charlotte Bartholomé

charlottebartholome@hotmail.com

夏洛特·巴塞洛姆（Charlotte Bartholomé），曾在根特的绿色学院学习了一年，与多位知名老师一起学习，如：莫尼克·范登·贝尔赫（Moniek Vanden Berghe），盖特·帕蒂（Geert Pattyn），丽塔·范·甘斯贝克（Rita Van Gansbeke）和托马斯·布鲁因（Tomas De Bruyne）。

之后参加了若干比赛，如：比利时国际花艺展（Fleuramour）。曾在比利时锦标赛上获得第四名，之后与同事苏伦·范·莱尔（Sören Van Laer）一起在欧洲花艺技能比赛（Euroskills）中获得金牌。5年前，她在家里开了店。几年来，夏洛特一直是 Fleur Creatif 的签约花艺师。

P.042

汤姆·德·豪威尔
Tom De Houwer

tomdehouwer@icloud.com

比利时花艺大师,在世界各地进行花艺表演和授课。他想启发其他花艺师,发现与自己最本真的东西。先后参加了比利时"冬季时光"主题花展等展览……并在几本杂志上发表过文章。

难度等级：★★★☆☆

艺术和谐

花艺设计 / 夏洛特·巴塞洛姆

材料 Flowers & Equipments
干棕榈叶、橡树叶、绣球、大丽花、月季、花毛茛、尤加利、须苞石竹、桑树树皮 聚苯乙烯拱桥形基座、3个聚苯乙烯半球体、热熔胶、短粗铁丝、绿色花艺胶带、细银色铁丝、小号花泥球

步骤 How to make

① 用热熔胶将棕榈叶粘贴在聚苯乙烯拱桥形基座上。
② 将薄薄的桑树皮卷起细条，然后粘贴在聚苯乙烯半球体的外表面。
③ 取几根短粗铁丝，然后用花艺胶带将它们缠绕在一起，制成支脚架。将这组包好的粗铁丝分成3部分，这样就制作出一个可以支撑半球形花艺容器的支脚架了。
④ 将制作好的支脚架粘在聚苯乙烯半球体的底部，使用热熔胶粘合固定。
⑤ 用桑树皮将支脚架缠绕包裹。
⑥ 将装饰好的半球体插放在拱桥形支撑基座上。
⑦ 在半球形容器内放上插花花泥，然后开始插花。
⑧ 用橡树叶随意卷成一个个小花环，最后将它们点缀在作品间，一件极富艺术感的作品就完成了。

难度等级：★★☆☆☆

花环蛋糕

花艺设计 / 夏洛特·巴塞洛姆

材料 *Flowers & Equipments*
万带兰、蝴蝶兰
聚苯乙烯圆环、红色颜料、叶脉叶（干燥染成红色的）、玻璃水管、热熔胶、定位针

步骤 *How to make*

① 将花泥条用热熔胶粘贴在聚苯乙烯圆环的四周和中间。
② 将叶脉叶卷起并折叠，然后用定位针将它们固定在聚苯乙烯圆环上。
③ 将叶片一片接一片紧密地摆放在一起，让它们将聚苯乙烯圆环完全遮盖起来。
④ 插入玻璃鲜花营养管，并用热熔胶粘牢固定。
⑤ 在营养管中放入水，然后插入蝴蝶兰。

材料 Flowers & Equipments

绣球、玫瑰、非洲菊、马蹄莲、棉花壳、桑树皮

软木板、塑料尖头鲜花营养管、带支架的金属框架、小木片、金属丝、毛毡、镀银铜线、花泥砖、定位针、塑料膜、花艺专用胶带、热熔胶

难度等级：★★★★☆

软木花墙

花艺设计 / 夏洛特·巴塞洛姆

步骤 How to make

① 将软木板固定在支架上，用褐色金属丝粘接固定。
② 用木片、不同颜色的毛毡片以及桑树皮制作一个拉花。
③ 用桑树皮将鲜花营养管包裹好。
④ 用铜丝、热熔胶和定位针将拉花以及鲜花营养管固定在支架上。
⑤ 用塑料膜将一小片花泥包好，然后塞入鲜花营养管中。
⑥ 将鲜花插入花泥中。
⑦ 最后用棉花壳做一条轻盈的拉花，搭放在软木板上。

难度等级：★★★☆☆

玫瑰、万带兰和板栗

花艺设计 / 夏洛特·巴塞洛姆

材料 Flowers & Equipments
火龙珠、红色和粉色的玫瑰、万带兰、欧洲板栗 圆柱形花泥、塑料膜、花艺专用胶带、泥炭土花盆、热熔胶、小号铜丝、冷固胶、木棒、尖头塑料鲜花营养管

步骤 How to make

① 取一片塑料薄膜将花泥包裹，并用胶带粘贴固定。
② 将泥炭土花盆的盆底去除。
③ 将花盆撕成两半，然后再撕成长条状，围绕花泥缠绕，并用胶水粘贴固定。
④ 将另一个泥炭土花盆条贴在第一条上面，这样可以将花泥完全覆盖住，外观更漂亮。
⑤ 插入鲜花。
⑥ 将栗子插在小木棒上，然后点缀在鲜花中。
⑦ 去掉的花盆的底部可用来制作成一朵朵可爱的小花朵，然后用铜丝将它们串在一起，做成一个漂亮的花环。
⑧ 用冷固胶将火龙珠粘在由花盆底制作的小花朵中心。

难度等级：★★☆☆☆

温暖热情的秋色

花艺设计 / 夏洛特·巴塞洛姆

> **材料** *Flowers & Equipments*
> 干燥圆叶尤加利（红色和紫色）、
> 山茱萸（树枝棒）、万带兰
> 小玻璃瓶、热熔胶、彩色铁丝、毛毡、
> 绝缘板底座、金属棒

步骤 *How to make*

① 用热熔胶将干燥圆叶尤加利粘贴在底座表面。
② 将金属棒插入支架，然后用胶粘牢固定。
③ 将山茱萸枝条彼此交叉放入底座内空间，枝条的两端插入绝缘板内。
④ 用颜色相同的金属丝将玻璃鲜花营养管固定在枝条上。
⑤ 用薄毛毡条盘成小圆圈并用胶粘在枝条上。
⑥ 将万带兰插入营养管中。

难度等级：★★☆☆☆

时尚的橙色和棕褐色

花艺设计 / 夏洛特·巴塞洛姆

步骤 *How to make*

① 将芭蕉树皮用胶粘贴在聚苯乙烯底座上。
② 在底座上竖直插入细枝条。
③ 用藤包铁丝缠绕小玻璃瓶，将铁丝的尖端插入聚苯乙烯底座中。
④ 用胶水将五颜六色的毛线球粘贴在小树枝之间。
⑤ 用鲜花来装饰。

材料 *Flowers & Equipments*

芭蕉树皮、桦树枝、非洲菊
聚苯乙烯底座（拱形）、玻璃小圆瓶、
藤包铁丝、各色毛线球、热熔胶

难度等级：★★☆☆☆

壁炉边的惬意时光

花艺设计 / 夏洛特·巴塞洛姆

材料 *Flowers & Equipments*

杂交蜘蛛文心兰
聚苯乙烯圆盘、黑色毛毡、热熔胶、干叶片、定位针、小号洋兰管（尖头塑料鲜花营养管）

步骤 *How to make*

① 将聚苯乙烯圆盘一分为二，一块较大，一块稍小。
② 用胶将毛毡条粘贴在两块聚苯乙烯底座的表面。
③ 两块底座的圆弧部分的边沿用干叶片装饰，将叶片向两侧折叠并用定位针固定。
④ 将塑料洋兰管插入底座上粘贴的叶片之间。
⑤ 用洋兰装饰底座。

难度等级：★★☆☆☆

热烈欢迎

花艺设计 / 夏洛特·巴塞洛姆

材料 *Flowers & Equipments*

海棠果、万带兰、山茱萸、干荷叶
聚苯乙烯圆环、毛毡、热熔胶、铝线、玻璃鲜花营养管

步骤 *How to make*

① 将荷叶条粘贴在花环表面，叶片应重叠粘贴，将花环完全覆盖好。
② 取一根细毛毡条将带个花环的外圈包裹起来。
③ 将山茱萸枝条插入花环中，用枝条打造出一个个小圆圈。
④ 将玻璃鲜花营养管系在枝条上，然后插入万带兰。
⑤ 最后，用铝线将红色小海棠果串起来，将这条简洁优雅的小水果花环随意自然地搭放在枝条间。

难度等级：★☆☆☆☆

鲜花头盘

花艺设计 / 夏洛特·巴塞洛姆

步骤 *How to make*

① 将花泥切割成"水滴"的形状。用绳子缠绕在花泥块的外表面，直至将花泥完全包裹覆盖。然后用叶脉叶将这颗"小水滴"装饰一下。
② 将玻璃鲜花营养管插入花泥中，然后放入万带兰。
③ 用玫瑰果枝条和地中海荚蒾花枝装饰"小水滴"。最后再放上几颗海棠果。

材料 *Flowers & Equipments*

海棠果、玫瑰果枝条、万带兰、地中海荚蒾花苞枝条

木盘、花泥、叶脉叶、绳子、玻璃鲜花营养管

难度等级：★☆☆☆☆

自然风拉花

花艺设计 / 夏洛特·巴塞洛姆

> **材料** Flowers & Equipments
>
> 橡树叶、玫瑰果枝条、杂交文心兰、小木块、细长的金属支架、卷轴铁丝、粗绳子、绑扎线、纸包铁丝、古塔胶、玻璃鲜花营养管、热熔胶

步骤 How to make

① 在金属支架上包上古塔胶。
② 取一段卷轴铁丝，将橡树叶一片紧挨一片串起来，打造出一条美丽紧实的拉花。
③ 在花环的末端系上一个用铁丝弯折而成的小钩子，然后将这条拉花缠绕在金属支架的其中一段。
④ 将小木块一块接一块地串在铁丝上，制作出第二个花环，然后将其分成两部分，分别将其垂直悬挂于支架的两端。
⑤ 用绑扎铁丝将玻璃鲜花营养管固定在橡树叶之间。
⑥ 将兰花插入营养管中。
⑦ 最后用胶将小玫瑰果枝条粘贴在叶片之间。

材料 *Flowers & Equipments*

玫瑰和玫瑰果枝条、康乃馨、苹果、露兜树叶片

纤维花盆、粗木条、硬纸板、热熔胶、铁丝、胶带、花泥、花艺用木签

难度等级：★★★☆☆

别致的露兜树叶片

花艺设计 / 夏洛特·巴塞洛姆

步骤 *How to make*

① 将木条弯成圆形，固定在纤维花盆的边沿。
② 将硬纸板上剪成叶片的形状，然后用胶带将一根短粗的铁丝粘在纸叶片中间。这样就能够根据需要随意将纸叶片弯折塑形。
③ 用切割成小片的露兜树叶片装饰纸叶片。
④ 将装饰好的纸叶片粘贴在花盆边沿围着的木条上，为花盆打造出一个美丽精致的项圈。
⑤ 将花泥放入花盆中。
⑥ 插入各种鲜花。
⑦ 最后将苹果穿在木签上，然后插入花丛中。

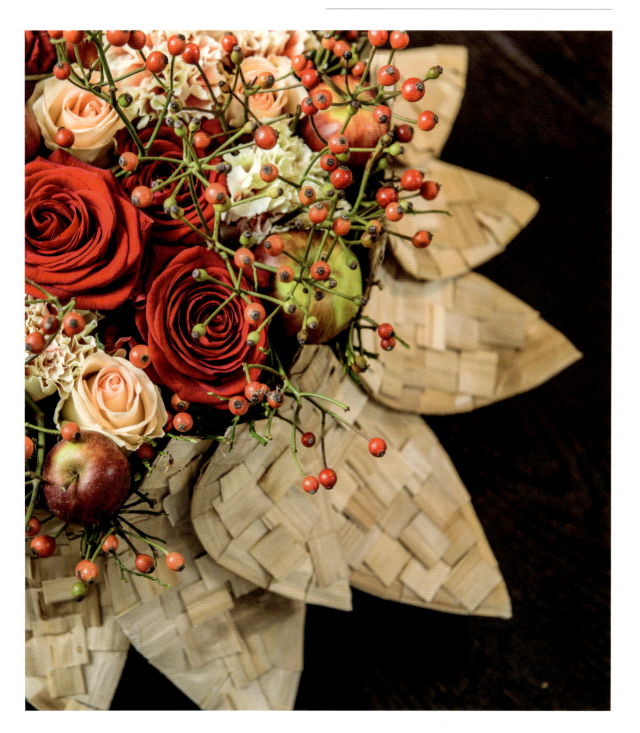

难度等级：★★★☆☆

红色和紫色的静物画

花艺设计 / 夏洛特·巴塞洛姆

材料 *Flowers & Equipments*

玫瑰、红掌、鸡冠花、绣球、爱之蔓、桑皮纤维

半球形花泥、羊毛毡、毛线、布、粉红色-酒红色渐变色的桑树皮、热熔胶、花泥

步骤 *How to make*

① 将半球形花泥的底部挖掉，然后将挖出的底部花泥块用桑树皮条从中心向外侧粘贴。
② 将已去掉底部的中空的半球体花泥的顶部也去掉，这样就形成了一个两侧略呈拱形的球环。
③ 用不同颜色和纹理的毛毡条垂直粘贴在这个球环的外侧表面，将四周完全覆盖好。
④ 将装饰好的两部分连接在一起，球环放置在上面，将底部花泥块与原方向相反、上下颠倒放置在球环下面。
⑤ 将花泥放入打造好的基座中。
⑥ 插入爱之蔓枝条，让其随意自然垂下。
⑦ 插入各种鲜花。

圈圈们的游戏

难度等级：★★★☆☆

花艺设计／夏洛特·巴塞洛姆

材料 *Flowers & Equipments*

旱叶百合、长生草、蝴蝶兰、桑皮纤维带底座的铁环、2个直径不同的铁环、颜色相近的毛线、颜色相近的尼龙扎带、玻璃鲜花营养管、冷固胶、热熔胶

步骤 *How to make*

① 用桑树树皮将3个圆环缠绕包裹。
② 用钩针将羊毛编织成两块圆形织物，分别与2个小铁圈的大小相同。
③ 用胶水和尼龙扎带将羊毛编织物与铁圈连在一起。
④ 然后将这2个小铁圈与更大的铁圈连接起来。
⑤ 在羊毛之间穿插编入旱叶百合。
⑥ 用尼龙扎带将玻璃鲜花营养管系在羊毛编织物中间，然后插入兰花。
⑦ 用冷固胶将长生草粘贴在小铁圈上。

材料 Flowers & Equipments
干燥圆叶尤加利、康乃馨、玫瑰和玫瑰果枝条、海棠果、地中海荚蒾
锥形金属框架、聚苯乙烯锥形体、蛋糕形花泥、塑料薄膜、热熔胶

难度等级：★★★☆☆

丰收的号角

花艺设计 / 夏洛特·巴塞洛姆

步骤 *How to make*

① 将锥形花泥倒着塞入锥形金属架内。
② 在蛋糕形花泥外缠绕包裹塑料薄膜，然后放在锥形架的顶部，并固定好。
③ 将干燥圆叶尤加利粘贴在锥形金属架外表面，将其完全覆盖。
④ 将鲜花插入花泥中。
⑤ 最后将海棠果制成的拉花随意自然地搭放在花丛中。

材料 Flowers & Equipments

绣球、玫瑰果、干棕榈叶、干树叶
聚苯乙烯圆盘、蛋糕形花泥、铁艺支架、
铁丝、胶带、木棍、保鲜薄膜

难度等级：★★★☆☆

别致鲜花柱

花艺设计 / 夏洛特·巴塞洛姆

步骤 *How to make*

① 用保鲜膜覆盖花泥，在花泥的上面和下面均铺上一层保鲜膜。
② 将聚苯乙烯圆盘一个叠一个码放在一起，用胶带绑扎固定。留出一个放在旁边，用来作为作品顶部。
③ 将干燥的棕榈叶折叠并粘贴在由聚苯乙烯圆盘组成的圆柱体表面。
④ 把圆形花泥放于圆柱体顶面，用长木棍穿过花泥和聚苯乙烯块，将两者连接在一起并固定位置。
⑤ 用木棍穿过预留的那块聚苯乙烯圆盘，将它放置在花泥上面，然后通过木棍将其固定在圆柱体上。
⑥ 用干树叶来装饰圆柱体，让叶片排列得有规律，呈现出优美的形态。将绣球和玫瑰果插入花泥中。
⑦ 最后用干树叶制作成可爱的拉花，点缀的圆柱体上。

难度等级：★★★☆☆

秋之韵

花艺设计 / 夏洛特·巴塞洛姆

材料 *Flowers & Equipments*

万带兰、玫瑰果、观赏草、棕色干燥圆叶尤加利、干玉米叶
聚苯乙烯方块、硬纸板、粗藤包铁丝、玻璃小水管、线锯、胶水

步骤 *How to make*

① 用线锯在聚苯乙烯方块的中央切出一个圆洞。
② 在聚苯乙烯方块的背面粘贴一块硬纸板，作为作品的背景板。
③ 将干玉米叶片在手指上绕几圈，卷成细卷状，然后将这些小细卷粘贴在聚苯乙烯方块背面的硬纸板上，以及在方块中央挖出的圆洞表面。将小叶片卷仔细放入，认真粘贴，确保粘贴完成后的平面整齐干净。
④ 将干燥圆叶尤加利粘贴在聚苯乙烯方块底座表面。
⑤ 将粗藤包铁丝线圈弯折成带有小圆圈的可爱有趣的造型。
⑥ 将玻璃小水管插入小圆圈中。
⑦ 用鲜花进行装饰。

难度等级：★★☆☆☆

喜迎万圣节

花艺设计 / 夏洛特·巴塞洛姆

材料 *Flowers & Equipments*

万带兰、玫瑰果、干马铃薯藤条、酸浆、南瓜金属框架、绑扎线、粗铁丝、棕褐色古塔胶、橙色羊毛线、小号手捧花束花托（与伴娘用花束花托大小相近）、花泥

步骤 *How to make*

① 将干马铃薯藤条绑扎成束状，然后固定在金属框架上。
② 将绑扎铁丝弯折制作成皇冠形状，然后固定在小号手捧花束花托的下面。
③ 取一根长而粗的铁丝固定在花束花托的套筒上，然后用橙色羊毛线缠绕套筒和铁丝。
④ 将这个制作好的花束托架连接到由干马铃薯藤条制作而成的架构上。
⑤ 用包着古塔胶的粗铁丝将各式小南瓜固定在藤条架构上。
⑥ 最后用酸浆制作成拉花，装饰架构。

难度等级：★★★★☆

五谷丰登

花艺设计 / 夏洛特·巴塞洛姆

材料 *Flowers & Equipments*

灌木小枝、康乃馨、黍、玫瑰、玉米粒
聚苯乙烯花环、粗绑扎铁丝、胶水 / 刷子、小玻璃瓶、胶带、装饰托盘

步骤 *How to make*

① 将胶带缠绕在花环表面，以避免胶水直接接触到聚苯乙烯材料。
② 在花环表面涂刷胶水，然后将玉米粒粘贴在上面。重复此操作多次，直至花环表面被玉米粒整齐覆盖，没有空缺孔洞，外观整洁漂亮。然后放置晾干。
③ 将粗绑扎铁丝的末端包皮剥去，这样就可以将铁丝穿过玉米粒之间空隙，然后直接插入聚苯乙烯花环中。在花环表面多选取几个位置插入粗绑扎铁丝，然后将它们弯折后打造成鸟巢的形状。
④ 将小玻璃瓶放入鸟巢中，用绑扎铁丝将它们固定。
⑤ 从灌木小枝上剪下几根短枝条，然后插入小玻璃瓶之间。
⑥ 用鲜花装饰小玻璃瓶。
⑦ 将完成的作品摆放在托盘上，炫耀一下！

难度等级：★★★☆☆

圆周运功

花艺设计 / 夏洛特·巴塞洛姆

材料 *Flowers & Equipments*

绣球、白花虎眼万年青、狗尾草、须苞石竹、菊花、玫瑰、干玉米叶
2个尺寸不同的聚苯乙烯圆盘、长而窄的木条、塑料薄膜、花泥、定位针、木棍、热熔胶、冷固胶

步骤 *How to make*

① 将尺寸较小的聚苯乙烯圆盘放置在大圆盘上，摆放位置应偏离正中心，然后插入几根木棍将两个圆盘固定在一起。
② 用干玉米叶装饰小圆盘，将干玉米叶卷成细长卷状，一圈一圈地摆放在小圆盘表面，并用定位针固定。
③ 将长度不同，宽窄不一的长木条围在聚苯乙烯的圆盘外侧表面。确保一些木条相互重叠。
④ 按压位于两个圆盘之间的聚苯乙烯材料表面，将花泥塞入两个圆盘之间。
⑤ 用鲜花和野玫瑰枝条来装饰顶部。
⑥ 最后，用胶粘上一些白花虎眼万年青花朵。

材料 *Flowers & Equipments*

观赏玉米、玫瑰、马蹄莲、玫瑰果、观赏草、菊花

带插针的金属支架、蛋糕形花泥，其直径与金属支架底座圆盘直径相同、薄胶带、胶带、热熔胶、彩色木条

难度等级：★☆☆☆☆

花台灯

花艺设计 / 夏洛特·巴塞洛姆

步骤 *How to make*

① 用薄胶带和胶带将花泥缠绕裹紧。花泥上部不要裹胶带。
② 将花泥块插入金属支架，并用胶带缠绕固定。
③ 将长短不一、宽度各异的彩色木条垂直粘贴在花泥周围。不要吝惜使用木条，要确保用这些漂亮的木条打造出一个既整洁细腻又优雅迷人的插花容器。
④ 插入各色鲜花，呈现出协调匀称的花艺作品。

难度等级：★★★☆☆

墙面的精美装饰

花艺设计 / 汤姆·德·豪威尔

步骤 How to make

① 将蒲苇草切成小碎段。
② 用 U 形钉从小段蒲苇的侧面将茎杆固定在秸秆花环的背面
③ 将蒲苇草朝前弯折，并用 U 形钉将其固定。
④ 取一些羽毛状的小碎片将 U 形钉遮盖住，然后用胶枪将其粘牢。
⑤ 重复步骤③和步骤④，直至整个花环完全被蒲苇草覆盖。
⑥ 用长 U 形钉将枝条固定在花环上。
⑦ 取一小段藤包铁丝，然后将其缠绕在鲜花营养管外表面。
⑧ 将藤包铁丝的末端抽出来，然后插入花环中，滴上一点热熔胶，粘牢固定。
⑨ 在营养管中注入水，然后插入蝴蝶兰花朵以及娇小的风车果枝条。

材料 *Flowers & Equipments*

秋季时令彩叶枝条、风车果、蝴蝶兰、蒲苇

秸秆花环、U形钉、胶枪、藤包铁丝、鲜花营养管

材料 *Flowers & Equipments*

迷你南瓜、杂交蜘蛛文心兰、观赏水果

电炉、褐色古塔胶、小号玻璃鲜花营养管、花盆、烛蜡、可可粉、褐色藤包铁丝

难度等级：★★★☆☆

巧克力色水果因兰花而高贵

花艺设计 / 汤姆·德·豪威尔

步骤 *How to make*

① 取一小段藤包铁丝，将上面覆盖的纤维去掉。
② 将藤包铁丝插入南瓜上面的茎把中，然后缠绕结实。
③ 将烛蜡加热，直至其完全融化。
④ 加入可可粉并搅拌均匀。
⑤ 将南瓜浸入热蜡液中蘸一下，反复几次。记住将南瓜从蜡液中取出后，待蜡液稍微凝固一下再将南瓜浸入。
  小贴士：将南瓜蘸一下后快速拎出来，以免之前凝固贴在南瓜表面的蜡液再次因受热融化。
⑥ 将南瓜放置在一个碗里，将茎把上插入的藤包铁丝弯折成适宜的形状。
⑦ 将褐色古塔胶涂抹在小号玻璃鲜花营养管的外表面。
⑧ 用古塔胶将小水管粘贴在藤包铁丝上的位置适宜处。
⑨ 在水管中注入水并插入文心兰。
⑩ 最后点缀上一些干果。

难度等级：★★☆☆☆

咖啡时光

花艺设计 / 汤姆·德·豪威尔

> **材料** *Flowers & Equipments*
> 桑树树皮、银扇草、万带兰、簇状花瓣玫瑰、洋桔梗
> 直径50cm的大号聚苯乙烯球

步骤 *How to make*

① 将聚苯乙烯球体切割成10cm高度的碗形容器。
② 将桑树皮用手撕或用刀切成薄片。
③ 将这些小薄片用胶枪粘贴到聚苯乙烯碗形容器的外表面，粘贴时要从边沿开始向中间逐一粘贴。并将桑树皮轻轻覆盖在边沿处。
④ 在装饰好的碗形容器中放置一块塑料衬垫，然后放入花泥。
⑤ 将万带兰、簇状花瓣玫瑰以及洋桔梗插入花泥。
⑥ 最后在碗里撒上一些银扇草那薄薄的果荚，将作品装点得更加自然。

难度等级：★☆☆☆☆

坚硬的果壳与柔美的兰花

花艺设计 / 汤姆·德·豪威尔

材料 *Flowers & Equipments*
万带兰、法国梧桐果实、迷你干豌豆荚、欧洲板栗的坚硬外壳、木制碗形容器、迷你鲜花营养管、胶枪

步骤 *How to make*

① 用胶枪将U形干豌豆荚垂直固定在碗形容器上。
② 用胶枪将法国梧桐果实与豆荚粘贴在一起。
③ 用绑扎铁丝将鲜花营养管系到豌豆荚上。
④ 在水管中注入水并插入万带兰。
⑤ 最后放入板栗壳。

难度等级：★★☆☆☆

不落窠臼的小花篮

花艺设计 / 汤姆·德·豪威尔

材料 Flowers & Equipments
玫瑰、万带兰、芭蕉树叶、蘑菇、浆果
胶枪、绑扎铁丝、鲜花营养管、塑料花泥碗

步骤 How to make

① 用胶枪将蘑菇条垂直粘贴在塑料容器碗的边沿。
② 将芭蕉叶卷成紧致的小卷，并用绑扎铁丝固定，使其外形看上去像一根短小的雪茄，长度大约 7cm。
③ 将这些制作好的小叶卷插入花泥中，不需要将花泥湿润。
④ 将鲜花营养管放置在芭蕉叶卷叶卷丛中。
⑤ 插入万带兰和玫瑰。
⑥ 最后加入浆果，为作品装饰润色。

难度等级：★★☆☆☆

银杏花环

花艺设计 / 汤姆·德·豪威尔

材料 *Flowers & Equipments*

银杏叶、万带兰、帝王花种子头、干枝条
碗、银色铁丝、鲜花营养管

步骤 *How to make*

① 用银色铁丝将干银杏叶串成一条长长的拉花。
② 将这条银杏叶拉花摆放在碗中。
③ 将帝王花种子头干枝条以及鲜花营养管放置在花环中间，根据需要用胶枪粘牢固定。
④ 最后，在营养管中注入水，插入黄色万带兰。

难度等级：★★★☆☆

大自然的无限循环

花艺设计 / 汤姆·德·豪威尔

材料 Flowers & Equipments
露兜树叶片、非洲菊、北美冬青（挂果枝条）、褐色日本柳杉枝条
鲜花营养管、珍珠定位针、胶枪、5cm厚的绝缘板、金属支架、卷轴铁丝

步骤 How to make

① 用线锯将绝缘板裁切出两块圆形板材，一块直径为40cm，另一块直径为30cm。
② 在每一块板材的偏离中心的位置切出一个圆洞。
③ 将剪切成块的露兜树叶片粘贴在圆形板材上。
④ 在圆形板材的底边钻一个孔，然后将板材插在金属支架上。
⑤ 用珍珠定位针将褐色的日本柳杉枝条固定在圆形泡沫塑料板材上。
⑥ 用卷轴铁丝将挂满小浆果的冬青枝条连接在一起，精心设计将它悬挂起来，让作品整体更具艺术感。

难度等级：★★★☆☆

塞满坚果的篮子

花艺设计 / 汤姆·德·豪威尔

> **材料** *Flowers & Equipments*
> 紫红色玫瑰、绣球、美国梧桐果、
> 欧洲板栗、棕色干燥圆叶尤加利
> 环状花泥、铝线、5cm 宽的胶带、胶枪、
> 剪刀

步骤 *How to make*

① 将环状花泥浸入水中。
② 将铝线弯成弓形，直接刺入花环内外圈边沿的底部。
③ 取一根粗铁丝，将两端相连接成圆环状，按照弓形铝线突出部位的数量，确定需要制作的铁丝圆环的数量。
④ 用胶带将制作好的架构连接固定。
⑤ 将干燥圆叶尤加利裁切成小块，然后用胶枪粘贴在制作好的架构表面。
⑥ 将紫红色玫瑰和绣球花插入花泥中。
⑦ 最后放入欧洲板栗和美国梧桐果。

难度等级：★★☆☆☆

鲜花艺术品

花艺设计 / 汤姆·德·豪威尔

步骤 *How to make*

① 将3片带茎杆的鹤望兰叶片放入花瓶中。将叶片顶部绑扎在一起。
② 将冷冻干燥的玫瑰以及绣球花放在鹤望兰叶片之间，用冷胶固定。
③ 信手拈来，将玫瑰果枝条点缀在玫瑰花与绣球之间，可谓是妙手生花。

材料 *Flowers & Equipments*

绣球、玫瑰（经冷冻干燥的玫瑰）、鹤望兰叶片（干叶片）、玫瑰（玫瑰果枝条）
绑扎线、胶枪、冷固胶

材料 *Flowers & Equipments*

干草、菊花、干藤条、干秋叶
鲜花营养管、胶枪、高金属支架、绑扎线

难度等级：★★★☆☆

菊花雕塑

花艺设计 / 汤姆·德·豪威尔

步骤 *How to make*

① 用干草将金属支架缠绕包裹，直到获得理想的外形，然后用绑扎铁丝将干草固定。
② 用热熔胶将干秋叶粘贴在干草上。
③ 将塑料营养管插入干草中，注入水后，插入菊花。
④ 将干藤条随意搭放在制作好的3个独立的花柱之间，将其连为一整体。

难度等级：★★☆☆☆

创新，不同凡响

花艺设计 / 汤姆·德·豪威尔

材料 Flowers & Equipments
万带兰、干藤条、欧洲板栗、葡萄藤、木板 一双连裤袜、水性褐色漆、泥炭、藤球、鲜花营养管、卷轴铁丝

步骤 How to make

① 取一双连裤袜，套在藤球上，然后用一根绑扎线将其扎起来。
② 将两条袜筒的末端系在一起。
③ 将褐色水性涂料喷涂在连裤袜上，喷涂量要充分。
④ 在涂料尚未干时将泥炭塞进去。注意手不要擦着涂料。
　小贴士：慢慢地一点一点地将泥炭塞进去，这样在泥炭塞好并吸收了水分之前，涂料不会干透。
⑤ 将制作好的球体挂在葡萄藤枝上。
⑥ 干藤条编结一个花环，围绕着挂球放置。
⑦ 将鲜花营养管固定在藤条花环上，然后注入水，插入万带兰。
⑧ 将板栗刺入藤球中，或用胶粘贴在藤条上。

难度等级：★★☆☆☆

奢华繁花

花艺设计 / 汤姆·德·豪威尔

材料 Flowers & Equipments

欧洲山毛榉的紫红色叶片、椰壳纤维、橙黄饰球花、大花蕙兰、冷冻干燥的鸡冠花

直径30cm的聚苯乙烯泡沫塑料球、直径40cm的木制圆盘、胶棒胶枪、定位针，最好是黑色的、直径2cm，长度约为5~7cm的小玻璃瓶、褐色古塔胶、铝线、剪刀、螺丝和垫圈、胶带

步骤 How to make

① 把椰子壳切成若干小方块。
② 用胶水将这些小方块粘贴在球体内外表面，拼成十字交叉的方格图案，粘贴时让这些小椰壳块从球体边沿延伸出去几厘米。
③ 取3片欧洲山毛榉叶片，将它们彼此交叉放在一起，叠放成小型簇状。
④ 用黑色定位针将制作好的簇状叶片固定在球体内外延伸出边沿的椰壳之间，打造出一圈紫红色的饰边。
⑤ 将橙黄饰球花点缀在这圈饰边上，用胶粘牢固定。
⑥ 用螺丝和垫圈将装饰好的球体固定在木盘上。用胶水粘贴一小块椰子壳将螺丝遮盖起来。
⑦ 取一根铝线，用胶带将其固定在小玻璃管上（需要准备3只小玻璃管）。
⑧ 将褐色的古塔胶喷涂在小玻璃管和铝线上。
⑨ 将小玻璃管下方的铝线缠绕成锥形，这样就可以直接将小玻璃管插入球体底部了。
⑩ 在小玻璃管中装满水，然后插入大花蕙兰。
⑪ 选择适宜位置，用胶水将冷冻干燥的鸡冠花粘牢固定。

难度等级：★☆☆☆☆

天鹅绒中的鲜花

花艺设计 / 汤姆·德·豪威尔

材料 *Flowers & Equipments*
翅萍婆果实、粉红色叶片的绵毛水苏、花头大小不同的大花玫瑰、欧洲桤木球果
胶枪或冷固胶、带有木制圆盘底座的玻璃钟罩

步骤 *How to make*

① 用胶枪将粉红色的绵毛水苏的叶片粘贴在翅萍婆果实的外表面。
② 将翅萍婆果实用胶粘在玻璃钟罩的木制圆盘底座上。
③ 用大花玫瑰填满果壳，最后再加入几颗欧洲桤木球果作为点缀。可以使用胶枪固定，也可以使用冷固胶，冷固胶的效果会更好一些，但需要更长的凝固时间。

难度等级：★★☆☆☆

蜘蛛花环

花艺设计 / 汤姆·德·豪威尔

材料 Flowers & Equipments

大花绣球、红色万带兰、樱桃树树皮

直径 30cm 的金属圆环、褐色粗藤包铁丝、小号玻璃鲜花营养管、胶枪、褐色古塔胶、铝线

步骤 How to make

① 将褐色粗藤包铁丝剪成若干小段，然后分别系在金属圆环上。
② 将长方形的樱桃树皮折叠后放置在粗藤包铁丝之间，并用热熔胶固定。
③ 用褐色古塔胶将小号玻璃鲜花营养管缠绕包裹后系在铝线上。
④ 将这些小水管放置在树皮和藤包铁丝之间。
⑤ 将装饰好的圆环悬挂起来。将鲜花营养管中注入水，然后插入万带兰。
⑥ 最后，用热熔胶将一些绣球干花的小花朵粘贴到装饰好的花环上。

材料 *Flowers & Equipments*

椰壳纤维、大花绣球
花艺用卷状铁丝、聚苯乙烯树脂蛋糕块、
褐色古塔胶、U形钉、胶枪

难度等级：★☆☆☆☆

细碎的绣球花束

花艺设计 / 汤姆·德·豪威尔

步骤 *How to make*

① 从大花绣球的花头上剪下一些单枝小花朵。
② 取一段卷状铁丝，用古塔胶将其与小花朵的花茎连接在一起。需要制作出80~100枝这样的小花枝。
③ 将制作好的80~100枝小花枝拧在一起。
　小贴士：制作小花枝时应使用不同长度的铁丝，这样可以看起来更自然，富有质感。
④ 用胶枪把椰壳纤维粘贴在聚苯乙烯树脂蛋糕块的外表面。
⑤ 用一些U形钉将小花枝固定在树脂蛋糕块上，确保U形钉被遮挡隐藏好。

难度等级：★★☆☆☆

植物包

花艺设计 / 汤姆·德·豪威尔

材料 Flowers & Equipments

椰壳纤维、玫瑰、海神花的干燥花苞、海神花、空棉花英
绑扎线、褐色的粗藤包铁丝、防水容器

步骤 How to make

① 把防水容器放置在一大块椰子壳中间。
② 将容器四周的椰子壳向上折叠，留出顶部开口。
③ 把粗藤包铁丝粘贴在顶部边沿处。
④ 将空棉花荚用绑扎线串起来，每隔一段距离穿一个，制作成一条长拉花。
⑤ 在容器中注入水，然后插入玫瑰花。将干燥的海神花枝条放置在玫瑰花丛中。
小贴士： 将海神花枝条修剪得略短一点，这样它们就沾不到水了，从而有助于保持水质清洁，利于玫瑰保鲜。
⑥ 将用空棉花荚制成的拉花自然、优雅地缠绕、搭放在玫瑰花丛上。

难度等级：★★★★☆

时尚前卫的蜡菊花堆

花艺设计 / 汤姆·德·豪威尔

材料 Flowers & Equipments
蜡菊、玫瑰
锥形鲜花营养管、棕褐色古塔胶、胶枪、扁铝线、橙色喷漆、5cm 宽的塑料胶带、尺寸各异的聚苯乙烯半球体

步骤 How to make

① 用铝线编制出一个侧面鼓起的网状结构，将半球体的体积扩大延伸。在位于半球体边沿下方几厘米处插入扁平铝线，然后将铝线全部向上弯折。大约每隔 5~7cm 弯折一次。
② 用铝线制作出一个圆圈，直径略小于半球体的直径。将其与插入半球体的弯折后的铝线末端相连接。
③ 用宽胶带覆盖在铝线之间，以增强网状结构的结实度和稳定性。
④ 将半球体、网状结构以及胶带喷涂成橙色。
⑤ 用胶枪将蜡菊粘贴在制作好的架构表面，将花朵紧密地挤在一起。让粘贴好的花朵层一直延伸至架构边沿。
⑥ 用棕褐色古塔胶包在锥形鲜花营养管外表面。
⑦ 将小营养管直接插入半球体中，注入水，然后插入玫瑰。

板栗堆中的华丽嘉兰

难度等级：★★★☆☆

花艺设计／汤姆·德·豪威尔

步骤 *How to make*

① 用螺丝将聚苯乙烯圆环固定在中密度纤维板的中间。
② 用胶枪将马栗子粘在中密度纤维板以及中间的圆环上，将板材完全覆盖。
③ 将绣球的零散小花朵穿在木签上，然后插入马栗子中间。
④ 取一段粗藤包铁丝，将其随意弯折成自然的形状，然后将其末端插入位于马栗子之间的花环上。
⑤ 剪下一小段木签，用卷状铁丝缠绕几圈，最后包上褐色的古塔胶。
⑥ 在中密度纤维板上钻一个洞，然后插入木签。这是接下来绑扎固定鲜花营养管的位置。同时这些木签也为藤包铁丝造型提供了支撑。确保设置足够的木签支撑点以确保藤包铁丝造型放置稳定。
⑦ 将鲜花营养管系在卷状铁丝上，然后注入水，插入嘉兰。
⑧ 最后，可以加入一些铁线莲种荚作为点缀。可直接将它种插入藤包铁丝之间或用胶枪直接将它们粘贴在藤包铁丝上。

材料 *Flowers & Equipments*

秋季落叶、玫瑰

粗藤包铁丝、气球、可可粉、烛蜡、40cm×40cm 的方形绝缘板，厚度为 5cm、胶枪

难度等级：★★★☆☆

巧克力花瓶

花艺设计 / 汤姆·德·豪威尔

步骤 *How to make*

① 将粗藤包铁丝扭结成环，缠绕在一起，制作成篮子。
② 在篮子里放一个气球并注入水，让气球略微鼓起来。将气球口扎紧。
③ 将烛蜡加热，熔化后加入可可粉，蜡液呈可爱的棕褐色。注意！确保蜡液不要过热。
④ 将用铁丝编制好的篮子浸入熔化的蜡液中，反复几次。每次浸入蜡液后将篮子拎出，待蜡液充分粘贴到篮子上后，再将篮子重新浸入蜡液中。
   小贴士： 将篮子整体浸入蜡液蘸一下后就马上拎出来，以免前一层粘上的蜡液被熔化。
⑤ 将篮子放置冷却，然后在已经定型的蜡质容器的顶部挖出一个洞。
⑥ 将容器注入水，插入色彩搭配协调的嘉兰和玫瑰。
⑦ 用胶枪将形态各异、颜色不同的落叶粘贴在绝缘板上。
⑧ 将装饰了鲜花的蜡质花瓶放在底板上，缤纷的落叶烘托出了浓浓的秋日风情。

难度等级：★☆☆☆☆

花饰南瓜

花艺设计 / 汤姆·德·豪威尔

材料 *Flowers & Equipments*
南瓜、淡绿色菊花、大花玫瑰、猕猴桃枝条、铁线莲种荚、千尤加利果
鲜花营养管、绑扎线

步骤 *How to make*

① 用猕猴桃树枝条编制成一个花环；将这些小花环连接在一起，根据需要，用绑扎线连接固定。
② 将鲜花营养管中注入水，插入猕猴桃枝条间。根据需要，用绑扎线连接固定。
③ 将菊花插入鲜花营养管中。
④ 把玫瑰花朵用胶粘在猕猴桃枝条上，也可以在枝条间再系上几只鲜花营养管，将玫瑰鲜花插入小水管中。
⑤ 最后，点缀上一些铁线莲种荚以及尤加利果。

难度等级：★★★★★

花边

花艺设计 / 汤姆·德·豪威尔

材料 *Flowers & Equipments*

万带兰、嘉兰、绣球
胶枪、烛蜡、可可粉、椭圆形容器、光滑的防水底座、木签

步骤 *How to make*

① 将水洒在光滑的防水表面上。
② 在水中滴一些热熔胶，让其形成纵横交错的线条。胶体线条的数量应足够多，可以连结成大约宽10cm、长30cm的胶线条，将这些胶线条并排放入容器后能将整个容器填满。所以应根据选用的容器尺寸来调整滴入胶的数量以及形成的胶线条的数量。
③ 在这些胶线条的末端粘上一些木签，以便在接下来的步骤中更方便操作。
④ 将烛蜡融化，然后加入一些可可粉，这时蜡液会变为棕褐色，然后放置冷却。
⑤ 留意蜡液的变化，当注意到蜡层最上面出现一层蜡皮时，就可以进行接下来的操作了。移除蜡皮，然后迅速将胶线条浸入蜡液蘸一下。手指捏着粘在胶线条两端的木签以方便操作。
⑥ 然后将蘸了蜡液的胶线条迅速浸入一碗冷水中，让蜡液快速冷却下来，这样就可以得到我们想要的形状了。
⑦ 将得到的U形胶线条翻转，将木签切成想要的尺寸，然后将成形后的胶线条放入容器中。
⑧ 重复上述步骤，直至容器被完全填满。
⑨ 向容器中注入水，然后将万带兰和嘉兰的花茎从胶线条造型的开口处插入水中，最后，点缀一些绣球花。

P.086

斯汀 · 西玛耶斯
Stijn Simaeys

stijn.simaeys@skynet.be

比利时花艺大师，曾在世界各地进行花艺表演和做培训。在比利时国际花展中，参与了"庭院"和"教堂"项目的设计。曾参加过比利时根特国际花卉博览会、比利时"冬季时光"主题花展等，并多次获奖。是比利时 Fleur Creatif 杂志的签约花艺师。

P.108

安尼克·梅尔藤斯
Annick Mertens

annick.mertens100@hotmail.com

安尼克·梅尔藤斯（Annick Mertens）毕业于农学和园艺专业，2003年，她在比利时韦尔布罗克（Verrebroek）开设了自己的花店"Onverbloemd"，并在她位于比利时弗拉瑟讷（Vrasene）的家中，每月组织一次花艺研讨会。她认为在舒适的环境中分享经验和教授技术至关重要！冬季，学生们用柴火炉做饭，夏季，他们可以在安尼克自己的花园玫瑰园里切玫瑰。学校放假期间，安尼克为孩子们提供鲜花活动营。她还是 *Fleur Creatif* 花艺杂志的签约设计师，多次参加比利时国际花艺展（Fleuramour）等花艺展会。

难度等级:★★☆☆☆

秋季假日

花艺设计 / 斯汀·西玛耶斯

材料 *Flowers & Equipments*
茴芋、黄杨、玫瑰、水苏、欧洲山毛榉、沙巴叶(北美白珠树树叶)
圆形塑料花泥碗、胶枪、硬塑料薄板

步骤 *How to make*

① 用胶枪将水苏叶粘贴在硬塑料条上,同时也要将其沿着塑料花泥碗的外边沿粘贴一圈。
② 用胶枪将制作好的塑料条粘贴在塑料花泥碗外周。
③ 将花泥浸湿,然后放置在塑料花泥碗中,再插放各式花材。

难度等级：★★★☆☆

万带兰花环

花艺设计 / 斯汀·西玛耶斯

步骤 *How to make*

① 从聚苯乙烯半球体上剪切下一个圆环,然后用胶带将其缠绕起来(以确保加热时,聚苯乙烯不会因为吸热而融化)。
② 将棕色的意大利通心粉用胶枪粘贴在制作好的圆环表面。
③ 将乳胶填入一些通心粉的孔中,然后再将乳胶取出,放置几分钟,让粘过乳胶的通心粉晾干。
④ 将水注入粘过乳胶的通心粉中,然后插入兰花。

材料 *Flowers & Equipments*

橙红色万带兰
通心粉、聚苯乙烯半球体、胶带、液态乳胶、胶枪

难度等级：★★★☆☆

玲琅满目的花果碗

花艺设计 / 斯汀·西玛耶斯

材料 Flowers & Equipments
万带兰、猕猴桃、海棠果、洋姜、柑橘、欧洲山毛榉保鲜叶
胶带、细铁丝网、小圆碗、花泥、胶枪

步骤 How to make

① 用细铁丝网将小圆碗隔出两个三角形的空间，并用胶带固定好。
② 用胶带将架构缠绕几圈。
③ 将制作好的架构弯成想要形状，并用胶枪将各色欧洲山毛榉保鲜叶粘贴到架构表面。
④ 将花泥放入制作好的架构内。现在可以先将小树枝插好，然后将剩余的花材插放在树枝之间。

难度等级：★★★☆☆

步骤 How to make

① 在树枝上钻几个孔，然后插入粗铁丝。
② 将延伸出来的粗铁丝编结成漏斗状，然后用胶带缠绕起来。
③ 为制作好的架构喷漆上色。然后再喷上一层喷胶，并用草叶摩擦一下。
④ 将草叶喷涂在架构上，并轻轻按压紧实。
⑤ 将箔片和花泥放置在架构中，并插入花材。

材料 Flowers & Equipments

非洲菊、玫瑰、常春藤、芒草、葡萄、龙爪柳枝条
尖头铁丝、胶带、喷胶、电钻和小号钻头、箔片、喷漆

难度等级：★★☆☆☆

肉桂条装饰画

花艺设计 / 斯汀·西玛耶斯

材料 *Flowers & Equipments*
锡兰肉桂皮、榈子枝条、万带兰
木制画框、带木纹的纸巾、纺织固化剂、
胶枪、鲜花营养管

步骤 *How to make*

① 用纺织品固化剂将纸巾粘贴在画框的背面。
② 用胶将肉桂棒粘在纸巾上，水平排列，每只肉桂棒之间留有一条小缝隙。
③ 将迷你鲜花营养管插入肉桂棒内，然后在水管中插入万带兰。
④ 最后点缀上一些挂有红色小浆果的榈子枝条，让作品更加生动传神。

难度等级：★★★☆☆

鲜花姑娘

花艺设计 / 斯汀·西玛耶斯

材料 *Flowers & Equipments*
向日葵茎秆、万代兰、银扇草、木贼
铁制框架、细绳、胶枪、冷固胶、小铁环、鲜花保鲜剂

步骤 *How to make*

① 用绳子缠绕小铁环。
② 用一些支撑条将小铁环固定在框架内。
③ 将所有支撑条编结在一起。
④ 取几根向日葵茎秆，按照铁框架上铁杆的宽度在茎秆上切出凹槽，然后将切好的茎秆围住整个框架，并用胶枪粘牢固定。
⑤ 用冷固胶将小花朵以及银扇草那薄薄的果荚粘贴在支撑条上。
⑥ 将所有的花材用鲜花保鲜剂喷淋一遍。

难度等级: ★★★☆☆

树皮花栅

花艺设计 / 斯汀·西玛耶斯

步骤 *How to make*

① 用喷漆喷涂支架脚。沿支架底座放置花泥。
② 将树皮筒插放在底座。留出一些空间以便可以插入鲜花营养管,最后将鲜花插入营养管中。

小贴士: 如果需要,可以将树皮浸泡一下,以便能够更好地塑性。

材料 Flowers & Equipments

杨树（漆成绿色的杨树皮）、茴香、玫瑰、非洲菊、欧檀、香鸢尾、小黄瓜
高抬式水平金属支架、喷漆、鲜花营养管、花泥盘

秋日激情

难度等级：★★★☆☆

花艺设计／斯汀·西玛耶斯

步骤 How to make

将聚苯乙烯泡沫塑料切割成想要的形状，为后面放置并固定花泥留出足够的空间。用胶带将造型块缠绕包裹，并用树皮覆盖。接下来将粘贴了树皮的造型块固定在枝叉处。放入花泥，并插入鲜花，打造出花枝及果枝层叠自然垂下的效果。

材料 Flowers & Equipments

西番莲、常春藤、海棠果、互生叶马利筋、香鸢尾、鬼吹箫、玫瑰、亮叶蔷薇、树皮、布满青苔的树枝、聚苯乙烯泡沫塑料、带插针的金属底座、花泥、胶带

难度等级：★★★☆☆

树枝牡蛎

花艺设计 / 斯汀·西玛耶斯

材料 *Flowers & Equipments*
枝条、玫瑰、野茴香、六出花、互生叶马利筋、唐棉、苔藓 花泥、铁丝、绑扎线

步骤 *How to make*

用树枝和铁丝制作一个式样时尚的花篮。篮子四周覆盖苔藓，然后塞入花泥。将色彩缤纷、各式各样的花材根据花篮形状细致插放。

难度等级：★☆☆☆☆

植物耳环

花艺设计 / 斯汀·西玛耶斯

材料 *Flowers & Equipments*
各式浆果和种子
贝壳、木制佛珠、耳环用细金属棒和挂钩、金属丝、金属支架

步骤 *How to make*

① 将准备好的各式材料根据喜好组合，依次穿入细金属棒。用木制佛珠收尾，然后将顶端固定在挂钩上。
② 用细金属丝将各式材料、珠子绑扎在一起，然后将制作好的珠串固定在挂钩上。
③ 将这些制作好的耳环悬挂在一个用彩色绳子装饰的金属支架上。

材料 Flowers & Equipments

干树叶、香鸢尾、三色莓
聚苯乙烯泡沫塑料板、胶枪、花艺小刀、
鲜花营养管、金属支脚、胶带

难度等级：★★☆☆☆

致敬秋天

花艺设计/斯汀·西玛耶斯

步骤 How to make

① 将聚苯乙烯泡沫塑料板裁切成所需的形状，用胶带缠绕后将干树叶粘贴在表面。
② 在加工好的泡沫塑料板的侧面预先挖出几个与鲜花营养管的直径大小相同的洞。
③ 将香鸢尾插入营养管中。三色莓枝条可以非常容易地直接插入泡沫塑料板中。

难度等级：★★★☆☆

秋季硕果陈列区

花艺设计 / 斯汀·西玛耶斯

材料 Flowers & Equipments
木贼、竹节蓼、欧楂、胡椒、黄瓜、辣椒、海枣、干树叶、种子盒
黏土、混凝土底座

步骤 How to make

① 用黏土将混凝土容器填满。
② 将木贼草插入黏土中，成扇形排列。
③ 将木贼草顶端修剪成理想的造型，然后在上面放一根竹节蓼编成的藤条。
④ 接下来将黄瓜、欧楂果以及小辣椒依次刺入木贼草的末端。
⑤ 将海枣果穿在铁丝上，然后穿插编入装饰好的藤条间。
⑥ 最后用干树叶装点底座。

难度等级：★★★☆☆

火之圆

花艺设计 / 斯汀·西玛耶斯

材料 Flowers & Equipments

六出花、非洲菊、玫瑰、互生叶马利筋、香鸢尾、亮叶蔷薇、欧洲荚蒾浆果、种子盒
玻璃储水管、喷漆、喷胶、干土、金属垫圈、三根金属棒

步骤 How to make

① 将垫圈排列成圆形并将它们焊接在一起。
② 将三根金属棒作为支脚固定在圆形下部。
③ 用褐色涂料和胶水喷涂整个架构，然后将玻璃储水管插入金属垫圈中，将整个架构放在铺有土壤的花箱中。
④ 将鲜花插入玻璃储水管中。

材料 *Flowers & Equipments*
芦苇、玫瑰（多头玫瑰）
球形花泥、带花泥的碗形容器、胶枪

难度等级：★★☆☆☆

隐藏的玫瑰

花艺设计 / 斯汀·西玛耶斯

步骤 *How to make*

① 将芦苇切成长度不同的芦苇段，用胶枪将芦苇叶粘贴在碗形容器的外侧。
② 把长度不同的芦苇段插在容器内的花泥中。
③ 接下来取一只球形花泥，插满多头玫瑰，打造出一只玫瑰球。
④ 将玫瑰球放入芦苇丛中，最后随意撒上一些玫瑰花瓣。

步骤 How to make
用玫瑰制作花束，将玫瑰果枝条和文竹点缀其中。

难度等级：★★☆☆☆

五彩斑斓的秋季花束

花艺设计 / 安尼克·梅尔藤斯

材料 Flowers & Equipments
橙红色玫瑰、玫瑰果枝条、染成葡萄酒色的文竹

难度等级：★★☆☆☆

满满一碗水果与鲜花

花艺设计 / 安尼克·梅尔藤斯

材料 *Flowers & Equipments*

玫瑰、玫瑰果枝条、绣球
球形塑料碗、花泥、毛毡片、壁纸胶、搭造鸟巢的各种材料

步骤 *How to make*

① 在塑料碗的底部铺上一层鸟巢混合材料，然后轻轻地刷上壁纸胶。多涂刷几层，然后放置在加热器附近晾干。
② 在塑料碗内铺上一层毛毡，这样看上去感觉很温暖。
③ 先从容器边沿开始插花，插入玫瑰果枝条，然后再用绣球以及暖色调的橙色大花圆形玫瑰将中心插满。

fleurcreatif | 109

难度等级：★★☆☆☆

秋意花环

花艺设计 / 安尼克·梅尔藤斯

步骤 How to make

① 从花环的最外层开始，先将5株小盆栽插入。确保它们整齐、紧密地排列在一起。
② 将玫瑰花枝条底端斜剪一下，然后从花环内侧开始，用玫瑰插满。
③ 将花环剩余的空间用澳洲米花填满。

材料 Flowers & Equipments

鳞叶菊小盆栽、澳洲米花、乳白色玫瑰

难度等级：★★★☆☆

步骤 How to make

① 将黄麻条分别放置在潮湿的环状花泥上，并用U形钉固定。
② 在黄麻条上涂一层速干水泥。
③ 在每排黄麻条之间放上冰岛苔藓，并固定好。
④ 用绣球和漂亮的淡紫色的紫珠果枝条将花环基部装扮得清新亮丽。

材料 Flowers & Equipments

绣球、紫珠果枝条、冰岛地衣
环状花泥、黄麻、速干水泥、剪刀、U形钉

难度等级：★★☆☆☆

清新鲜绿

花艺设计 / 安尼克·梅尔藤斯

材料 *Flowers & Equipments*

空气凤梨、松萝凤梨、虎眼万年青
灰色花泥球、中国漆、聚氨酯泡沫底座

步骤 *How to make*

① 用聚氨酯泡沫打造作品底座。
② 将整个架构用空气凤梨缠绕包裹，并放置在铺满松萝凤梨的花箱中。
③ 系上几支虎眼万年青花朵，最后再点缀上几只灰色小花泥球，为作品增添几分趣味性。

难度等级: ★★★☆☆

步骤 *How to make*

用螺旋手法捆扎出一束秋季时令花束,宛如优美的小麦捆般,四周点缀的芒草熠熠发光。

材料 *Flowers & Equipments*
秋季时令鲜花、芒草

阳光明媚的秋日

花艺设计 / 安尼克·梅尔藤斯

材料 *Flowers & Equipments*

花色为各种秋日代表色的玫瑰、其他秋日代表色的花材、竹子（竹环）
不同质地的小木棍（粗麻布，芦苇……）、花泥

难度等级：★★☆☆☆

步骤 *How to make*

① 将花泥塞入容器中（类似经典的花园用瓮形容器）。
② 用各色小木棍将容器四周一圈一圈紧密围起来，再加入一些竹环作为装饰，增添趣味性。
③ 挑选自己喜爱的体现秋色的鲜花来填满容器。

难度等级：★☆☆☆☆

躲猫猫！

花艺设计 / 安尼克·梅尔藤斯

材料 *Flowers & Equipments*
非洲菊、尤加利叶（彩叶型）
花瓶

步骤 *How to make*

用暖色系各色非洲菊和彩色尤加利叶填满这些漂亮可爱的小花瓶。

难度等级：★★☆☆☆

破土而出……

花艺设计 / 安尼克·梅尔藤斯

材料 Flowers & Equipments

鸡油菌、大约1米长的一块树皮、多肉莲波根、酸浆、苹果、多头玫瑰、玫瑰果枝条

玻璃瓶、绿色防水胶条、彩色石子

步骤 How to make

① 用绿色防水胶条将玻璃瓶固定在树皮上。
② 可以在玻璃瓶中的水里放入一些红色小石子,以便将绿色防水胶条遮挡起来。
③ 用绿色防水胶条将鸡油菌固定在玻璃瓶口。
④ 用极具趣味性的秋日风格花材填满这些装饰好的容器:多头玫瑰&玫瑰果枝条。

难度等级：★☆☆☆☆

颔首浅笑的洋蓟

花艺设计 / 安尼克·梅尔藤斯

材料 *Flowers & Equipments*

洋蓟、苹果、观赏草
竹签、各种类型的绳子 / 毛毡

步骤 *How to make*

① 将竹签等距离地插入洋蓟中。
② 将草叶逐一穿过竹签。
③ 花艺基座制作完成，现在可以在基座上系上各式各样的丝带以及可爱的苹果了。

难度等级：★★☆☆☆

花树日志

花艺设计 / 安尼克·梅尔藤斯

步骤 *How to make*

① 将绝缘管切割成长度相等的六段。
② 将这些管子摆放成金字塔的形状，并用胶带绑扎固定。
③ 将薄木板条粘贴到金字塔堆的外表面，一层一层用胶水粘牢固定，将管子完全覆盖住。
④ 将竹节蓼藤条摆放在中心，完全遮盖好。
⑤ 将鲜花营养管放入锥形树皮卷中，然后用胶粘贴在薄木板条上。
⑥ 将水注入营养管中，然后插入自己喜欢的鲜花。

材料 *Flowers & Equipments*

各式各样的花材、竹节蓼
薄木板条、绝缘管、胶带、锥形树皮卷、鲜花营养管、花艺专用胶带

难度等级：★★☆☆☆

休息一下

花艺设计 / 安尼克·梅尔藤斯

材料 *Flowers & Equipments*

海棠果、蝴蝶兰、多肉筷波根
圆形树皮、剪刀、丝带、绳子

步骤 How to make

① 将圆形树皮切割成新月形状。
② 将多个切成新月形状的树皮用胶粘结在一起，打造成似手风琴风箱的样子。
③ 用胶水将多肉筑波根的枝条、海棠果以及蝴蝶兰的花朵粘贴在中心部位。

难度等级：★★☆☆☆

巨型蘑菇之下……

花艺设计 / 安尼克·梅尔藤斯

材料 *Flowers & Equipments*

泥炭藓、海棠果（小苹果）、红玫瑰、树枝
弓形聚苯乙烯泡沫塑料块、薄木片锥筒、鲜花营养管、花艺木签

步骤 How to make

① 将泥炭藓覆盖在弓形聚苯乙烯泡沫塑料块上。
② 用花艺木签将薄木片锥筒固定在泡沫塑料块上。
③ 用精美绝伦的红玫瑰、海棠果、小苹果以及小树枝装扮这个唯美的童话故事般的场景。

难度等级：★☆☆☆☆

色彩斑斓的菊花

花艺设计 / 安尼克·梅尔藤斯

材料 *Flowers & Equipments*

盆栽菊花、帚石楠
毛线、小矮人装饰物、粗铁丝

步骤 *How to make*

① 将粗毛线搭放在盆栽菊花组成的花球上。
② 将一些形象生动的小矮人装饰物放置在花球顶端,仿佛一群小精灵正在花球上漫步。
③ 用粗铁丝和帚石楠枝条弯折、编结成心形装饰物,然后插入菊花球里。

难度等级：★★☆☆☆

高跷上的花束

花艺设计 / 安尼克·梅尔藤斯

材料 *Flowers & Equipments*

苹果、康乃馨、玫瑰、干燥染色欧蓍草

细绳、毛毡、半球形干花泥、花泥、小刀、钳子、紫色树枝、塑料薄膜

步骤 *How to make*

① 把树枝插入半球干花泥呈弧形的一面，高度根据自己的喜好。

　小贴士： 根据季节变换选择树枝，冬季时可以选用白桦枝条，而春季则可以使用绿色的山茱萸枝条……

② 用毛毡条制作拉花，然后用细绳将拉花系在树枝间，让其自然垂下。

③ 将花泥（用塑料薄膜包裹好）粘贴在半球体平整的一面。

④ 插入各种能够体现出秋季色彩特点的鲜花。

难度等级：★★☆☆☆

秋色花篮

花艺设计 / 安尼克·梅尔藤斯

材料 *Flowers & Equipments*

橡木板、玫瑰果枝条

锤子、U形钉、粗藤包铁丝、钳子、毛毡条

步骤 *How to make*

① 把U形钉用锤子敲入橡木板中。
② 用U形钉将粗藤包铁丝的两端分别固定在橡木板的两侧，作为最终制成的花篮的拎带。
③ 将玫瑰果枝条穿插编织在藤包铁丝之间，打造出自然随意的效果。
④ 最后，用毛毡条将拎带的手握部位缠绕包裹好。

难度等级：★★★☆☆

秋色花束

花艺设计 / 安尼克·梅尔藤斯

材料 *Flowers & Equipments*

菊花、染成红色的干欧蓍草、康乃馨、Sea foam, moss、橙色景天、玫瑰果枝条、万带兰、心叶牛舌草、毛毡、小瓶子

步骤 *How to make*

① 用菊花、心叶牛舌草、康乃馨、sea foam、景天和玫瑰枝条制作成紧凑形花束。
② 将漂亮的万带兰花朵插入小瓶中。
③ 用毛毡条将花茎包裹起来,将花束装饰得更优美。

难度等级：★★☆☆☆

别致的帚石楠装饰

花艺设计 / 安尼克·梅尔藤斯

材料 *Flowers & Equipments*

染成红色的棉毛水苏、Sea foam, moss、美洲地榆、帚石南、橡子壳斗毛线、聚苯乙烯树脂圆环、褐色剑麻、胶水

步骤 *How to make*

① 用褐色剑麻缠绕聚苯乙烯树脂圆环。
② 在圆环外侧插入 sea foam 和美洲地榆枝条，以增强视觉冲击力。
③ 用帚石楠枝条编制一个花环，放置在圆环内圈。
④ 然后在花环内侧再粘贴一圈形态漂亮的毛毡圈。
⑤ 用橡子壳斗和红色棉毛水苏叶片卷组成可爱的小装饰物点缀在花环上，用胶水粘贴牢固。

难度等级：★☆☆☆☆

玉米棒包围中

花艺设计 / 安尼克·梅尔藤斯

材料 *Flowers & Equipments*
玉米棒、玫瑰果枝条、万带兰、椰壳片
木制托盘、毛毡、胶枪、鲜花营养管

步骤 *How to make*

① 将玉米棒放置在木制托盘内，并粘牢固定。
② 将椰壳片随意摆放在直立的玉米棒顶端。
③ 将鲜花营养管装满水，插入玫瑰果枝条和万带兰，然后放入托盘内。
④ 最后，在整件作品顶部放置几根长长的毛毡条作为装饰。

难度等级：★★☆☆☆

热情的粉-红-橙色调

花艺设计/安尼克·梅尔藤斯

材料 Flowers & Equipments

绣球、非洲菊、景天、橡子
排水管、苔藓、绳子、花泥、细铁丝网、胶枪

步骤 How to make

① 取一段排水管，在两端分别放置一块花泥，形成长长的条形底座。用细铁丝网将花泥紧紧包住。
② 用与花材颜色相同的各色线绳将位于中部的排水管缠绕包裹。
③ 将漂亮可爱的，能够展现出秋季色彩的鲜花插入花泥中，最后铺上苔藓，装饰漂亮。
④ 用胶枪在线绳上粘贴一些橡子作为装饰物。

难度等级：★☆☆☆☆

创意花篮

花艺设计 / 安尼克·梅尔藤斯

> **材料** *Flowers & Equipments*
> 盆栽菊花、大叶藻、干果
> 圆柱形铁艺框架、粗麻布、胶枪、卷状铁丝

步骤 *How to make*

① 用绑扎铁丝将大叶藻茎叶缠绕包裹，制作成似"香肠"的形状。
② 将粗麻布覆盖在圆柱形铁艺框架外。
③ 用粗铁丝将干果串成一个花环。
④ 将大叶藻"香肠"围绕着圆柱体缠绕几圈，然后将干果花环用胶粘在中间。
⑤ 将盆栽菊花放入这个自制盆器里。

难度等级：★☆☆☆☆

秋日花饰

花艺设计 / 安尼克·梅尔藤斯

材料 *Flowers & Equipments*

非洲菊、玫瑰果、木百合浆果、蓝盆花、洋桔梗、芒草、树皮条
剑麻手捧花束花托

步骤 How to make

① 用非洲菊、玫瑰果、木百合浆果、蓝盆花以及和芒草制作出一束赏心悦目的色彩丰富的秋色花束。
② 将花束放入剑麻花束花托中。
③ 最后,搭放一圈树皮条装饰花束。

难度等级：★★☆☆☆

蕨叶果篮

花艺设计 / 安尼克·梅尔藤斯

> **材料** *Flowers & Equipments*
> 干燥的蕨类植物叶片、染成深紫色的文竹、石榴、蓝盆花
> 树脂玻璃碗、双面胶、喷胶、鲜花营养管

步骤 *How to make*

① 用双面胶将树脂玻璃碗内外表面缠绕包裹。
② 用干燥的蕨类植物叶片覆盖在碗的内外表面，让这个容器呈现出自然唯美的效果。
③ 用喷胶喷涂在容器内表面，然后粘贴上文竹叶片。
④ 最后放入石榴以及几支深色的蓝盆花，放入前先将蓝盆花花茎插入鲜花营养管中。

难度等级：★☆☆☆☆

温馨的植物材料

花艺设计 / 安尼克·梅尔藤斯

材料 *Flowers & Equipments*
红玫瑰、玫瑰果、饰球花、康乃馨、
彩色橡树叶片、树皮条
聚苯乙烯块、胶枪、花泥盒

步骤 How to make

① 用聚苯乙烯块制作底座。
② 用树皮条和彩色橡树叶将底座四周覆盖包裹。
③ 将花泥塞入底座里。
④ 用暖色调的秋季特色花材插满花泥。

难度等级: ★★☆☆☆

树皮的故事

花艺设计 / 安尼克·梅尔藤斯

步骤 *How to make*

① 用胶枪将猴面包树的果实粘在树皮内。
② 用冷固胶将欧石楠枝条以及蝴蝶兰花朵粘在果实中间。整个作品选择了美轮美奂的深紫色色调。

材料 *Flowers & Equipments*
一块长长的树皮、蝴蝶兰、纤细欧石楠、猴面包树的果实
胶枪、冷固胶

难度等级：★★★☆☆

秋色手袋

花艺设计 / 安尼克·梅尔藤斯

材料 *Flowers & Equipments*

洋桔梗、蓝盆花、榛子
聚苯乙烯蛋糕块、毛毡、塑料薄膜、花泥盒、树皮条、杨桃

步骤 *How to make*

① 将一个聚苯乙烯蛋糕切成两块，只使用其中一块。
② 将毛毡和榛子粘在聚苯乙烯块的表面。
③ 取一块花泥，用塑料薄膜缠绕包裹，然后将其粘在聚苯乙烯块的顶部。
④ 将鲜花插入花泥中。
⑤ 最后加入树皮和干燥杨桃。

盛满浆果的彩色树皮

花艺设计 / 安尼克·梅尔藤斯

难度等级：★★☆☆☆

浆果与树皮

花艺设计 / 安尼克·梅尔藤斯

材料 *Flowers & Equipments*
玫瑰果、树皮、染成紫色的鹿蕊、芦苇
聚苯乙烯长条块、胶带、颜料、胶枪

步骤 *How to make*

① 将树皮切成正方形，并涂上不同的颜色。
② 取一块长条状聚苯乙烯，用胶带缠绕包裹，这样更容易用胶将材料粘贴在表面。
③ 将染好色的方形的树皮块粘贴在聚苯乙烯条块上。
④ 将玫瑰果枝条插入装饰好的条块中。
⑤ 最后，在条块表面铺上紫色鹿蕊装饰漂亮，然后将芦苇秆横向插入玫瑰果枝条间。

难度等级：★★☆☆☆

红粉色调的
墙面装饰

花艺设计/安尼克·梅尔藤斯

材料 Flowers & Equipments

饰球花、非洲菊、蝴蝶兰、绣球、鬼罂粟、空气凤梨叶片
木板、红色薄木片、方形花泥盒、绳子

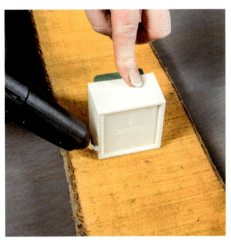

步骤 How to make

① 将花泥盒粘贴在木板上。
② 将红色薄木片覆盖在花泥盒表面，粘贴出一个漂亮的造型。
③ 将一些能够展现出秋日色彩的鲜花插入花泥中。
④ 最后在木板上系一根绳子，以便能够将这些漂亮的花饰挂在墙上。

fleurcreatif | 157

摇摇摆摆的种子袋

花艺设计 / 安尼克·梅尔藤斯

难度等级：★★☆☆☆

硕果累累

花艺设计 / 安尼克·梅尔藤斯

材料 *Flowers & Equipments*
干燥的蕨类植物叶片、玫瑰果、桤木球果、鬼罂粟、橡子、圆形毛毡块、聚苯乙烯球、胶带、U形钉、粗铁丝、绳子

步骤 *How to make*

① 用胶带将聚苯乙烯球缠绕包裹，这样更容易将毛毡粘贴在上面。
② 用圆形毛毡块包住球体。
③ 在球体正中心插入一根粗铁丝，然后用绳子缠绕几圈。
④ 用U形钉将干燥的蕨类植物叶片固定在球体上。
⑤ 最后，将橡子等各种果实钉在球体上。

P.164

安·德斯梅特
Ann Desmet

info@egelantier.be

安·德斯梅特（Ann Desmet）在比利时欧特根（Otegem）乡村的旧织布厂里拥有自己的花店和工作室"埃格兰蒂尔"（De Egelantier）。安的作品常为简洁、表义开门见山的插花。她的作品是有机的、自发的，没有过多的结构性思考。其作品（花艺装置和装饰品）常在大型的活动中展出，如：比利时国际花艺展（Fleuramour），比利时"冬季时光"主题花展（Winter Moments），根特园艺展（De Gentse Floraliën）等。

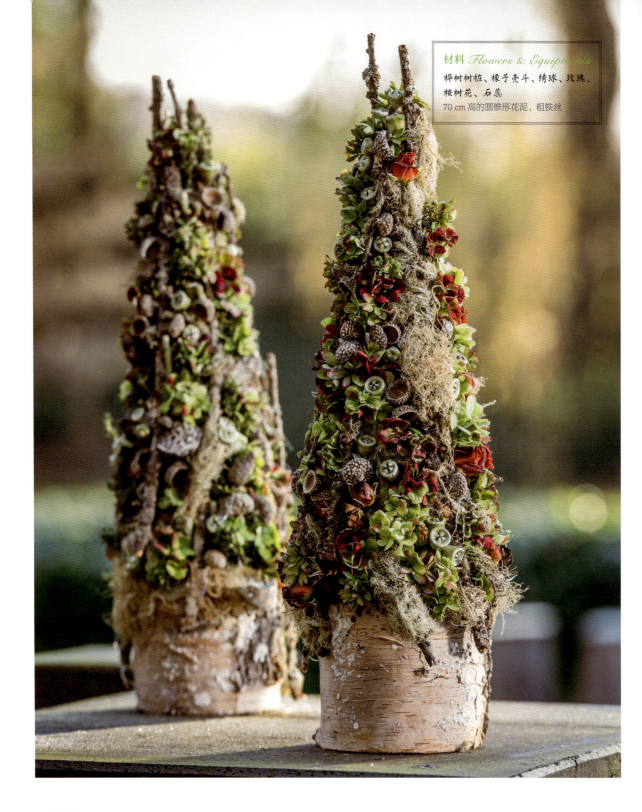

> **材料** *Flowers & Equipments*
> 桦树树桩、橡子壳斗、绣球、玫瑰、
> 桉树花、石蕊
> 70 cm 高的圆锥形花泥、粗铁丝

难度等级：★★★☆☆

绣球花锥

花艺设计 / 安·德斯梅特

步骤 *How to make*

① 用粗铁丝将几簇石蕊细枝系在圆锥形花泥柱上。
② 将绣球花、多花玫瑰、蓝盆花种子荚、橡树叶、橡子壳斗以及玫瑰果等插入石蕊簇中间，将整个花柱填满。

难度等级：★★★☆☆

栗子花锥

花艺设计 / 安·德斯梅特

步骤 *How to make*

① 将栗子塞入圆锥形花泥柱上，用牙签将它们固定。
② 用其他材料填满锥形花柱。

材料 *Flowers & Equipments*

石蕊细枝、绣球、多花玫瑰、玫瑰果枝条、风车果、橡树叶、欧洲七叶树（马栗子）、种子荚
70 cm 高的圆锥形花泥、粗铁丝、牙签、木制圆盘

难度等级：★☆☆☆☆

大自然的集合

花艺设计 / 安·德斯梅特

步骤 *How to make*

① 将花泥放入木头中。
② 用在花园里或树林中能够找到的任何东西将它填满，例如板栗、长满毛刺的栗子壳斗、各种植物的种子荚等，再放入几颗海棠果。

材料 *Flowers & Equipments*
欧洲板栗以及长满毛刺的栗子壳斗、不同植物的萌果、海棠果、木板
花泥

材料 Flowers & Equipments

欧洲板栗、苔藓
锥形花泥或环状花泥、胶水、漂亮的木制托盘

难度等级：★★☆☆☆

栗子托盘

花艺设计 / 安·德斯梅特

步骤 How to make

① 将栗子用胶粘在环状干花泥上，或锥形干花泥上。
② 用干苔藓将空余的空间填满覆盖。
③ 将制作好的花环摆放在一个漂亮的木制托盘内。
50 cm 高的圆锥体大约需要 170 个栗子，40 cm 的圆锥体大约需要 120 个栗子，30 cm 的圆锥体大约需要 70 个栗子，25 cm 的圆锥体大约需要 45 个栗子。直径 25 cm 的环状干花泥大约需要 70 个栗子才能填满。

材料 *Flowers & Equipments*
唐棣枝条、洋蓟、观赏草、莳萝、白色大星芹
玻璃小水管、原木色绳子、粗麻布条

难度等级：★☆☆☆☆

树枝帐篷

花艺设计／安·德斯梅特

步骤 *How to make*

① 把一些小树枝扭绑在一起，打造一个坚固稳定的架构。
② 用绳子将玻璃小水管缠绕包裹起来，并将它们固定在架构上。随意选取一些枝条系上几根粗麻布条。
③ 将洋蓟、观赏草、莳萝以及白色大星芹的枝条插满玻璃小管。

难度等级：★☆☆☆☆

秋收满花篮

花艺设计 / 安·德斯梅特

材料 Flowers & Equipments
菊花花枝及干枯的叶片、常春藤挂果枝条、绣球、小松果球、海棠果、竹节蓼细枝条
花泥

步骤 How to make

① 用纤细的竹节蓼枝条编成一个篮子。
② 在篮子里铺一层塑料布防止漏水。
③ 将花泥放入篮中。
④ 将各式花材以及叶材插入花泥。
⑤ 最后点缀上几颗小松果。

难度等级：★☆☆☆☆

纸花瓶合集

花艺设计 / 安·德斯梅特

材料 Flowers & Equipments
燕麦、玫瑰果枝条、柳枝稷
廉价的玻璃酸奶罐或果酱罐、纸、冷固胶

步骤 How to make

① 为各式小玻璃罐制作样式各异的纸封套。
② 把燕麦秆和小枝条粘贴在纸套外表面。
③ 将罐子装满水，插入玫瑰果枝条和观赏草。

难度等级：★☆☆☆☆

银杏叶和橡木球

花艺设计 / 安·德斯梅特

材料 *Flowers & Equipments*

北美红栎树叶片、银杏树叶片
不同尺寸的花泥球、定位针、古铜色铁丝

步骤 *How to make*

① 将刚采摘下来的叶片包裹在花泥球表面，并用定位针固定。
② 用古铜色铁丝在球体表面缠绕几圈。

难度等级：★★☆☆☆

橙色和褐色的
拉菲草激情

花艺设计 / 安·德斯梅特

材料 Flowers & Equipments

加莱克斯草、绣球、海棠果、多肉植物
直径30cm的花泥托盘、包装纸 / 硬纸板、天然拉菲草、胶枪

步骤 How to make

① 将包装纸或硬纸板裁切成一长条，用天然拉菲草缠绕包裹。
② 用胶枪将装饰好的纸板粘贴在花泥托盘的周围。
③ 将多肉植物从花盆中取出，然后插入花泥中。这样他们的观赏期会保持相当长的一段时间。
④ 将加莱克斯草、绣球以及蘸过蜡的海棠果插入花泥中。